Omar KEBOUR

Estudo do Desempenho de um Gerador Fotovoltaico

Omar KEBOUR

Estudo do Desempenho de um Gerador Fotovoltaico

Fornecimento de um sistema de irrigação por pivô central

ScienciaScripts

Imprint

Cover image: www.ingimage.com

This book is a translation from the original published under ISBN 978-620-6-72806-1.

Publisher:
Sciencia Scripts
is a trademark of
Dodo Books Indian Ocean Ltd. and OmniScriptum S.R.L publishing group

120 High Road, East Finchley, London, N2 9ED, United Kingdom
Str. Armeneasca 28/1, office 1, Chisinau MD-2012, Republic of Moldova, Europe
Managing Directors: Ieva Konstantinova, Victoria Ursu
info@omniscriptum.com

Printed at: see last page
ISBN: 978-620-8-50969-9

Resumo

A tecnologia de irrigação por pivot boom representa um grande avanço na agricultura moderna, particularmente em áreas áridas e semi-áridas. Estes sistemas altamente mecanizados são capazes de cobrir vastas áreas de terra cultivada, assegurando simultaneamente uma distribuição uniforme da água, o que é crucial para otimizar o rendimento das culturas. Graças a esta técnica, os agricultores podem não só melhorar a eficiência da irrigação, mas também efetuar economias substanciais na utilização dos recursos hídricos. Isto contribui diretamente para a segurança alimentar, garantindo uma produção agrícola suficiente para satisfazer as necessidades crescentes da população.

No contexto dos planaltos e do sul da Argélia, a adoção destes pivots centrais conduziu a um desenvolvimento agrícola significativo. Ao integrarem esta tecnologia nas suas práticas agrícolas, os agricultores puderam aumentar a sua produção, enfrentando os desafios colocados pelas condições climáticas frequentemente difíceis. No entanto, uma das principais desvantagens da utilização destes sistemas de irrigação é a necessidade de energia eléctrica fiável e ilimitada.

Face a este desafio, a Argélia dispõe de um potencial solar excecional. Com 1.800 a 3.000 horas de sol por ano, o país está numa posição ideal para tirar partido das energias renováveis, nomeadamente da energia solar. A integração de sistemas fotovoltaicos para alimentar as instalações de irrigação poderia oferecer uma solução viável e sustentável.

Assim, o nosso estudo centra-se na análise e dimensionamento de um sistema fotovoltaico destinado a alimentar um sistema de rega por pivot central. Este sistema foi concebido para mover os vãos de irrigação ao longo de uma trajetória circular, garantindo assim uma cobertura óptima da área cultivada. Além disso, os painéis fotovoltaicos monitorizarão o desempenho do sistema, permitindo uma gestão precisa e eficiente da água. Ao explorar esta sinergia entre a tecnologia de irrigação, a energia fotovoltaica e a segurança alimentar, o nosso estudo tem como objetivo fornecer recomendações práticas para maximizar a eficiência da irrigação, promovendo ao mesmo tempo uma agricultura sustentável nas regiões ensolaradas da Argélia, contribuindo assim para a estabilidade alimentar e o bem-estar das comunidades locais.

Palavras chave: sistema de irrigação por pivô central, sistema fotovoltaico, irrigação solar.

Conteúdo

Resumo 1

Introdução.. 5

Capítulo I: Descrição do pivô central sistema de rega por pivô central 8

Capítulo II: Informações gerais sobre energia solar 15

Capítulo III: Metodologia.. 24

Capítulo IV: Dimensionamento do sistema sistema fotovoltaico. 29

Capítulo V: Resultados e discussão 35

Conclusão Perspectivas 38

Referências bibliografia 42

Introdução

Durante muito tempo e cada vez mais, a poupança de água tem sido de grande importância na investigação para melhorar as técnicas de irrigação, mas a maioria dos esforços e investimentos em muitos países para o desenvolvimento da irrigação tem-se concentrado mais no desenvolvimento dos recursos hídricos do que na melhoria da utilização da água a nível das parcelas.

Para o conseguir, os agricultores optaram por um método moderno de irrigação designado por pivot rotativo, concebido para fazer um melhor uso da água, especialmente em zonas áridas com grandes áreas agrícolas. As vantagens fundamentais deste tipo de dispositivo são a sua facilidade de utilização, a possibilidade de funcionamento automático e o seu desempenho em termos de homogeneidade do abastecimento de água.

Atualmente, a rede de distribuição de eletricidade é a principal fonte de energia para o pivô de irrigação. A sua utilização está limitada aos locais de rega onde não existam linhas eléctricas ou devido aos elevados custos de construção. No caso de não existir tal linha, a alimentação eléctrica do pivot de rega pode ser obtida a partir de um gerador (gerador de combustão).

Como sabemos, em ambas as fontes, a energia fornecida deve-se à utilização de combustíveis fósseis, como o petróleo, o carvão, o gás natural ou a energia nuclear.

Estudos e previsões recentes alertam para o facto de que a utilização maciça destes recursos conduzirá inevitavelmente ao esgotamento total das suas reservas. E toda a gente está convencida do perigo que este processo representa para o ambiente. Por isso, é necessário procurar fontes de energia alternativas.

As energias renováveis, como a energia fotovoltaica, a energia eólica e a energia hidroelétrica, são uma excelente alternativa e estão a ser cada vez mais utilizadas.

Este tipo de energia não só é gratuito e inesgotável, como também é muito limpo para o ambiente. De facto, é frequentemente designada por energia "verde", porque evita completamente a poluição gerada pelas fontes tradicionais.

O objetivo do nosso trabalho é estudar e analisar um sistema de irrigação por pivô central e o desempenho de um sistema fotovoltaico para deslocar os vãos ao longo de uma trajetória circular e controlar o sistema.

O sistema é constituído por uma matriz solar composta por vários painéis solares, um banco de baterias para armazenamento de energia e um equipamento inversor, que é responsável pela conversão de corrente contínua em corrente alternada. Dotar os centros desta tecnologia permitiu-lhes oferecer uma solução completa ao agricultor: equipamento de irrigação, gerador fotovoltaico autónomo, equipamento de controlo manual e remoto, tudo montado numa construção pré-fabricada de betão com as dimensões adequadas para que o utilizador possa operá-lo confortavelmente, protegendo-o das intempéries, ventos de areia e sabotagem.

A nossa dissertação é constituída por uma introdução geral, seguida de cinco capítulos apresentados da seguinte forma:

- O Capítulo 1 descreve o sistema de rega por pivô central.
- No capítulo 2 são apresentadas informações gerais sobre a energia solar e uma descrição do sistema fotovoltaico.
- No 3º capítulo explicámos a metodologia de dimensionamento do sistema fotovoltaico que alimenta um sistema de rega por pivô central.

- O dimensionamento do sistema fotovoltaico é calculado no capítulo 4.
- Os resultados e a discussão são apresentados no capítulo 5.

Por fim, concluímos com algumas sugestões para o futuro, com o objetivo de chegar aos estudantes nos próximos anos, para que o dimensionamento seja uma tarefa fácil.

Capítulo I:
Descrição do pivô central
sistema de rega por pivô central

Capítulo I: Descrição do sistema de irrigação por pivô central:

1.1 Apresentação:

Um pivot de rega é um dispositivo utilizado para pulverizar água para regar grandes áreas de terrenos agrícolas. Esta água, que é aspergida por toda a propriedade, é produzida utilizando as mesmas propriedades da chuva natural. A irrigação pode ser total ou parcialmente integrada, dependendo do projeto do campo irrigado.

Os pivots devem estar localizados de forma ideal para satisfazer as necessidades de água de todo o local. Estão disponíveis vários vãos de tubos. Estes elementos principais são fixados ao chassis e aos postes motorizados. O pivô gira em torno da unidade central para garantir a disponibilidade de água mesmo nestas situações. Cada pivô está ligado a uma roda, como mostra a Figura I.1, e o seu número e caraterísticas dependem do tipo de solo.

Figura I.1: Pivô de irrigação

1.2 Vantagens do pivot:

Estas podem ser resumidas da seguinte forma:

- A rotação a alta velocidade permite frequências de rega elevadas, o que é particularmente útil em solos finos com baixas reservas de água.
- A distribuição da irrigação é muito boa.
- Controlo total da água de irrigação para poupar água
- A duração média de vida é de cerca de 15 anos

1.3 . Desvantagens do pivot:

Os mais importantes são:

- Não é adequado para pequenas explorações agrícolas
- grande investimento inicial
- preço elevado
- A sua utilização conduz à salinidade da superfície terrestre.

1.4 Componentes do sistema:

1.4.1 O elemento central:

É aqui que entram a água e a eletricidade, e o elemento central é normalmente fixado a uma laje de betão com ancoragens seladas no interior do bloco, cujo volume depende do tipo de construção da máquina na Figura I.2 e I.3.

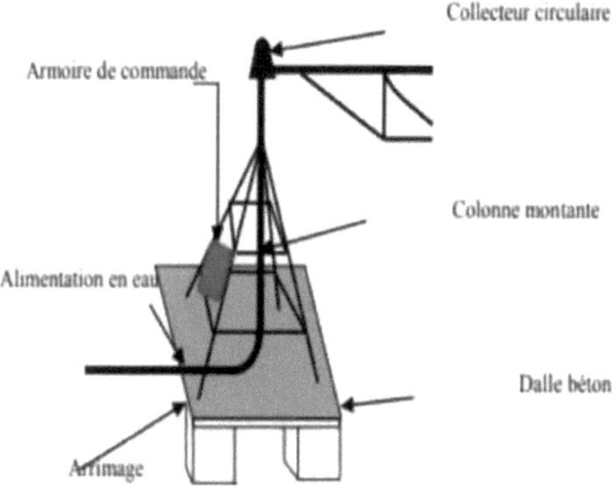

Figura.I.2: Diagrama da unidade **central de um pivô de irrigação**

A laje deve ser capaz de suportar o momento de inversão exercido pela rampa. O seu volume mínimo depende do tipo de estrutura. A água é direcionada para o riser, que é o eixo de rotação do conjunto. A máquina é alimentada quer por um coletor de escovas circulares para todo o grupo rotativo, quer por um cabo para o funcionamento da rede.

Figura.I.3: O elemento central

1.4.2 Torres móveis:

As torres suportam a tubagem. Estão equipadas com rodas acionadas por motores eléctricos ou hidráulicos (a óleo) controlados sequencialmente por micro-interruptores para assegurar o alinhamento dos vãos entre as rodas (Figura I.4).

Figura.I.4: Torre móvel de um pivot de derrogação moderno

1.4.3 As baías:

Esta encontra-se entre duas torres. Funcionam como suportes e são constituídos por tubos reforçados pela estrutura. Com um comprimento que varia entre 5 e 30 metros, deixam um espaço vazio sob a estrutura de 2,5 a 3,5 metros e têm uma altura total de 3,5 a 5 metros. Um pivot fixo de grandes dimensões pode ter mais de 15 cais. As soluções móveis estão limitadas a 5 compartimentos. (Figura I.5)

Figura.I.5: Vão da rampa de irrigação.

1.4.4 Como funciona:

A velocidade média de deslocação da rampa de balanço é determinada pelo tempo de execução da torre final. A deslocação de todo o dispositivo é então assegurada por compensadores de ângulos sucessivos entre vãos, como descrito e ilustrado abaixo na Figura I.6.

O ângulo entre duas torres adjacentes deve estar compreendido entre os dois ângulos críticos.

A0 é o ângulo de lançamento (o ângulo em que a torre em questão começa) e A1 é o ângulo de paragem (o ângulo em que a torre em questão pára). Quando o dispositivo é ligado (tempo 0 t), apenas a última torre está num ângulo. Quando a distância entre o andaime e o andaime (n-1) atinge o limite de disparo, o andaime (n-1) inicia um percurso próximo (tempo 1t) porque tem de percorrer uma distância mais curta do que o andaime. Percorrer o mesmo ângulo provoca um momento (tempo 2t) em que o ângulo (n) entre as torres atinge o limite de paragem, pelo que se verifica uma subida gradual em direção ao eixo do pivot (Figura I.6).

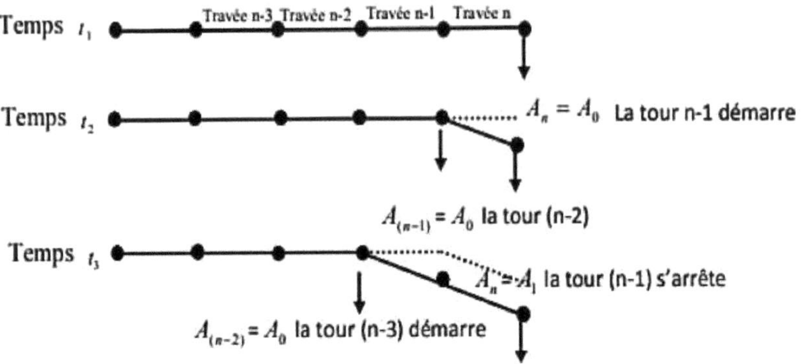

Figura.I.6: Princípio do avanço do pivot

Capítulo II:
Informações gerais sobre energia solar

Capítulo II: Informações gerais sobre a energia solar

II.1 Energia solar:

A energia solar é geralmente utilizada através de duas tecnologias diferentes:

-Uma baseada na produção de eletricidade: a energia solar fotovoltaica.

-O outro produz calor: a energia solar térmica.

II.2 Energia solar fotovoltaica:

A energia solar ou fotovoltaica converte a radiação solar diretamente em eletricidade (Figura II.1). Para o efeito, utilizamos módulos fotovoltaicos. Estes são constituídos por células solares ligadas em série e/ou em paralelo.

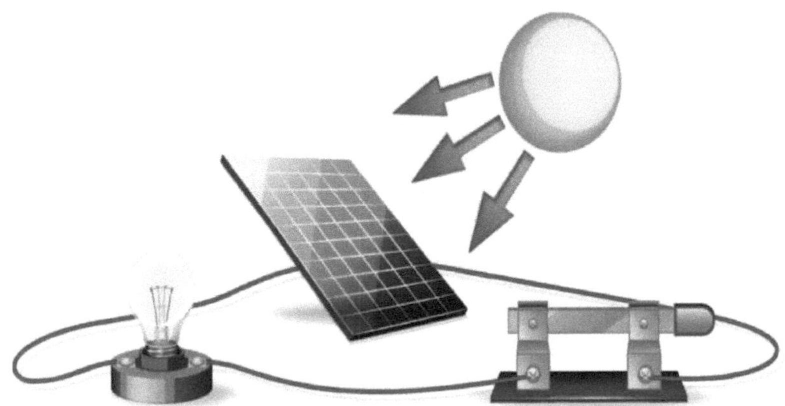

Figura II.1 Energia fotovoltaica

II.3. Potencial solar na Argélia

O potencial solar da Argélia está estimado em cerca de 2,6 milhões de terawatts-hora (TWh) por ano, ou seja, 105 vezes o consumo mundial de eletricidade.

O sul é a região que pode dar o maior contributo para a produção de energias renováveis, tendo em conta a superfície disponível e a insolação. Estas Wilayas são Tamanrasset, com uma contribuição potencial para a produção solar do país de 28%, Adrar 21%, Illizi 14%, e Tindouf, Béchar e Ouargla 7,5% cada.

Atualmente, a parte do consumo local na produção nacional continua a aumentar, passando de 31% para 46% entre 1991 e 2017. Em África, 640 milhões de pessoas não têm acesso regular à eletricidade. Em 2017, o consumo mundial de eletricidade foi de 24 800 TWh por ano, enquanto a Argélia consome 78 TWh por ano.

II.4. Células fotovoltaicas:

A conversão da energia solar em energia eléctrica baseia-se no efeito fotoelétrico, a capacidade dos fotões para criar portadores de carga (electrões e buracos) nos materiais. Quando o semicondutor é iluminado por uma radiação de comprimento de onda adequado (a energia dos fotões deve corresponder, pelo menos, ao intervalo de banda do material), a energia dos fotões absorvidos permite transições electrónicas da banda de valência para a banda de condução. Se o material estiver polarizado, os pares eletrão-buraco utilizados para transportar eletricidade (fotocondução) podem contribuir através do material.

Quando uma junção PN é irradiada, os pares eletrão-buraco gerados na região de carga espacial da junção são imediatamente separados pelo campo elétrico nesta região e atraídos para a zona neutra em ambos os lados da junção. (Figura II.2)

Quando o dispositivo está isolado, é gerada uma diferença de potencial (fotões, tensões) através da junção. No entanto, quando ligado a uma carga eléctrica externa, observa-se um fluxo de corrente quando não é aplicada qualquer tensão ao dispositivo. Este é o princípio básico das células solares.

O PRINCÍPIO DA CÉLULA FOTOVOLTAICA

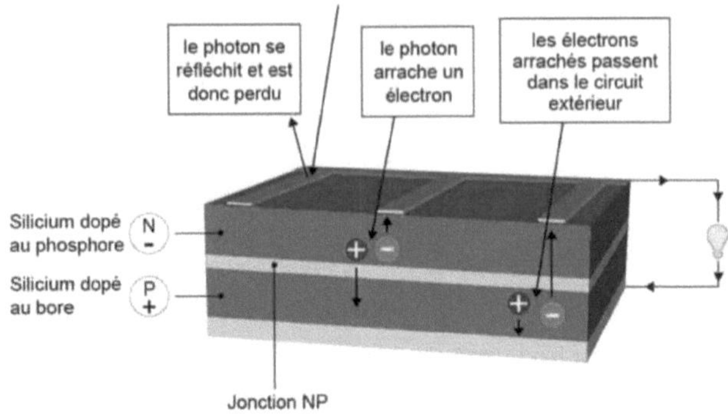

Figura II.2: Princípio de funcionamento de uma célula solar

II.5. Sistemas fotovoltaicos:

Um sistema fotovoltaico é geralmente constituído pelos geradores acima referidos ligados a um ou mais elementos. Note-se que os sistemas fotovoltaicos podem ser divididos em dois tipos:

As que são autónomas e as que estão ligadas às redes eléctricas nacionais

(Figura II.3)

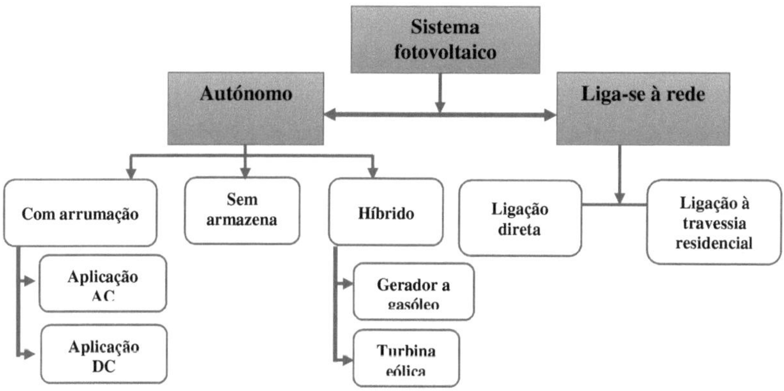

Figura II.3: Classificações dos sistemas fotovoltaicos.

11.5.1. O sistema autónomo:

Um sistema fotovoltaico é considerado autónomo se a carga for passiva (por exemplo, lâmpadas, motores, etc.). O sistema de ar condicionado é uma bateria que armazena energia eléctrica para ser utilizada quando o sol não está a brilhar.

Quando o sol brilha, o gerador fotovoltaico carrega a bateria, alimentando-a diretamente e armazenando a energia produzida. Os controladores de carga PWM (Pulse Width Modulation) e MPPT (Maximum Power Point Tracking) protegem a bateria contra sobrecargas e o limitador de descarga protege a bateria contra potenciais descargas profundas.

Os sistemas fotovoltaicos caracterizam-se pelo seu desempenho e pelas suas possíveis aplicações.

- Alimentação eléctrica autónoma para produtos de consumo (lâmpadas para pilaretes de jardim). (Figura II.4.)

- Eletrificação de edifícios com kits fotovoltaicos (de centenas de watts a alguns kW).
- Fonte de alimentação comercial (várias dezenas de watts a vários kW).
- Exemplo: Telecomunicações.

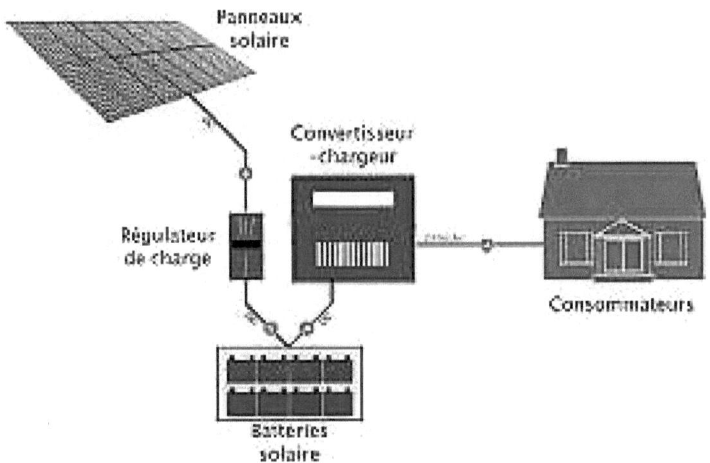

Figura II.4. Sistema fotovoltaico autónomo

11.5.2. Sistema ligado à rede:

Um sistema fotovoltaico ligado à rede é aquele que está diretamente ligado à rede eléctrica através de um inversor. Para os sistemas ligados à rede, é essencial converter a corrente contínua gerada pelo sistema fotovoltaico em corrente alternada sincronizada com a rede. (Figura II.5)

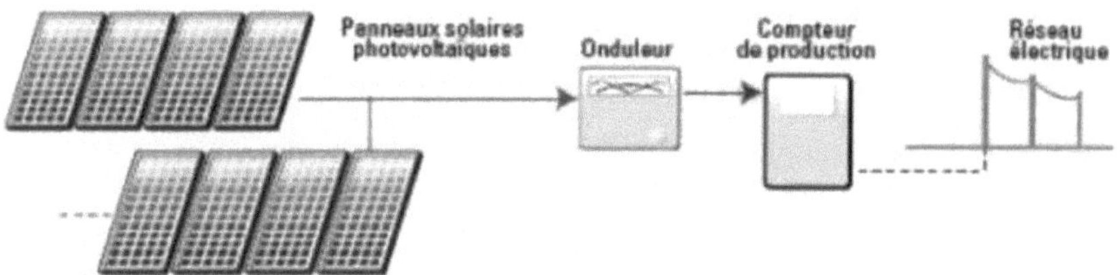

Figura II.5: Diagrama esquemático do sistema fotovoltaico ligado à rede.

11.5.3. Reguladores:

A tensão fornecida pelos módulos fotovoltaicos é uma tensão variável. Por outras palavras, varia com a temperatura e a radiação solar. Isto significa que os receptores eléctricos não podem ser alimentados com esta tensão. Por conseguinte, para alimentar um aparelho alimentado por um dispositivo fotovoltaico, é necessário utilizar um controlador entre o aparelho alimentado e o gerador. Um regulador é uma ferramenta que permite manter uma quantidade de estado que corresponde a um ponto de referência. Um regulador converte uma tensão DC flutuante numa tensão DC constante. O controlador de carga/descarga está ligado ao gerador fotovoltaico e é responsável, entre outras coisas, por controlar o processo de carga da bateria e limitar a sua descarga. Esta é uma função muito importante, uma vez que afecta diretamente a vida útil da bateria. Existem vários limites, cada um correspondendo a um tipo de proteção diferente.

Sobrecarga, descarga profunda, temperatura de funcionamento, curto-circuito, etc. Os controladores de nova geração são cada vez mais sofisticados e oferecem funções mais avançadas.

11.5.4. O inversor

Um inversor é um dispositivo que converte a tensão contínua em tensão alternada. É utilizado para as seguintes aplicações em equipamento eletrónico.

Fornece uma tensão ou corrente alternada de frequência e amplitude variáveis. É o caso dos inversores utilizados para alimentar motores de corrente alternada que têm de funcionar a velocidades variáveis (a velocidade depende da frequência da corrente que atravessa a máquina).

Fornecer uma tensão CA de frequência e amplitude fixas.

Uma vez que a energia armazenada na bateria da fonte de alimentação é permanentemente restaurada, o inversor tem de restabelecer a tensão e a frequência da rede.

Caraterística específica de um inversor para um sistema fotovoltaico:

Os inversores para sistemas fotovoltaicos são um pouco diferentes dos inversores convencionais de engenharia eléctrica, mas o objetivo da conversão CC-CA é o mesmo.

A principal função de um inversor fotovoltaico é encontrar o ponto de funcionamento ótimo do sistema.

Um inversor de tensão adiciona tensão à saída sob a forma de ranhuras moduladas por largura de impulso (PWM). Estas ranhuras são ideais para alimentar motores, mas não são compatíveis com as tensões sinusoidais dos sistemas de alimentação quase sinusoidais (Figura II.6).

Formalmente, converte o inversor de tensão

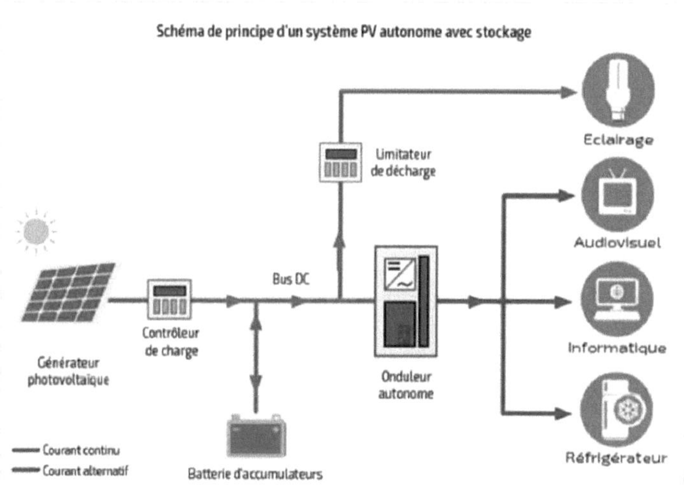

Figura II.6: Sistema de inversor autónomo

Capítulo III:
Metodologia

Capítulo III: Metodologia

III .1. Metodologia:

O dimensionamento de um sistema fotovoltaico requer uma metodologia rigorosa para garantir que este satisfaz as necessidades energéticas específicas. Apresentamos de seguida a metodologia geral utilizada para dimensionar o sistema fotovoltaico:

1/ Avaliar as necessidades energéticas: Determinar o consumo de energia necessário, analisando as cargas eléctricas a alimentar. Isto pode incluir aparelhos eléctricos, ferramentas, sistemas de refrigeração, etc. Medir o consumo de energia em quilowatts-hora (kWh) durante um determinado período (por dia, por mês ou por ano).

2/ Estimar a quantidade de luz solar disponível: Obtenha dados sobre a quantidade média de luz solar na sua região utilizando fontes fiáveis como bases de dados solares ou estações meteorológicas. Estes dados dar-lhe-ão uma ideia da quantidade de energia solar disponível no seu local.

3/ Calcular a potência necessária: Converter o consumo de energia em potência necessária utilizando a fórmula: Potência necessária (kW) = Consumo de energia (kWh) / Tempo (horas). Obtém-se assim a potência média necessária por hora.

4/ Estimar o tamanho do sistema fotovoltaico: Com base na insolação média, é possível estimar a potência de pico (ou potência nominal) dos módulos fotovoltaicos necessários para satisfazer a necessidade de potência. Dividir a potência necessária pela insolação média para obter uma estimativa do número de quilowatts-pico (kWp) de módulos fotovoltaicos necessários.

5/ Ter em conta as perdas e as condições específicas: Ter em conta as perdas de conversão, as perdas de cablagem, as perdas de sombreamento, as temperaturas elevadas, as variações sazonais, etc. Estas perdas reduzem a eficiência global do sistema. Estas perdas reduzem a eficiência global do sistema. Aplicar um fator de correção para ter em conta estas perdas.

6/ Dimensionar os outros componentes do sistema: Para além dos módulos fotovoltaicos, dimensionar também os outros componentes do sistema, tais como inversores, baterias (se necessário), cabos, proteção, etc. Isto baseia-se nas especificações do fabricante e nas normas aplicáveis. Este valor baseia-se nas especificações do fabricante e nas normas aplicáveis.

7/ Verificar a rendibilidade e as restrições orçamentais: Avaliar a rendibilidade do sistema, tendo em conta os custos de investimento, as poupanças de energia e quaisquer incentivos ou subsídios disponíveis. Certificar-se de que o dimensionamento do sistema é viável dentro dos limites orçamentais.

8/ Efetuar uma simulação e análise: Utilizar um software de simulação fotovoltaica para aperfeiçoar o seu dimensionamento e avaliar o desempenho esperado do sistema em diferentes condições. Isto permitir-lhe-á verificar se o sistema responde às suas necessidades energéticas específicas.

No nosso caso, utilizámos dois parâmetros principais a considerar: a irradiação solar global numa superfície de coletor e o consumo de eletricidade ou necessidade de energia.

Foram realizados vários estudos com o objetivo de otimizar o dimensionamento dos sistemas fotovoltaicos. Estes métodos baseiam-se no balanço energético para determinar a capacidade de armazenamento e o rendimento dos painéis fotovoltaicos. Métodos mais recentes estimam o desempenho dos sistemas fotovoltaicos com base no conceito de probabilidade de erro no consumo, definido como o rácio entre o défice e a produção de energia.

O método que propomos consiste em estabelecer balanços energéticos e depois calcular a dimensão dos módulos e das baterias para garantir um determinado nível de fiabilidade em termos de consumo. A vantagem deste método é que optimiza o consumo de energia da instalação. A dificuldade reside na necessidade de conhecer a irradiação horária no local da instalação durante muitos anos (10 a 20 anos). Infelizmente, estes dados não estão muitas vezes disponíveis.

Para ultrapassar este problema, utilizámos o "método do pior mês", uma vez que só dispomos de valores diários de irradiação solar para períodos limitados. O seu princípio consiste em efetuar um balanço energético nas condições mais desfavoráveis para o sistema. Por outras palavras, se o sistema funcionar nesse mês, funcionará normalmente nos outros meses, garantindo assim um funcionamento anual normal.

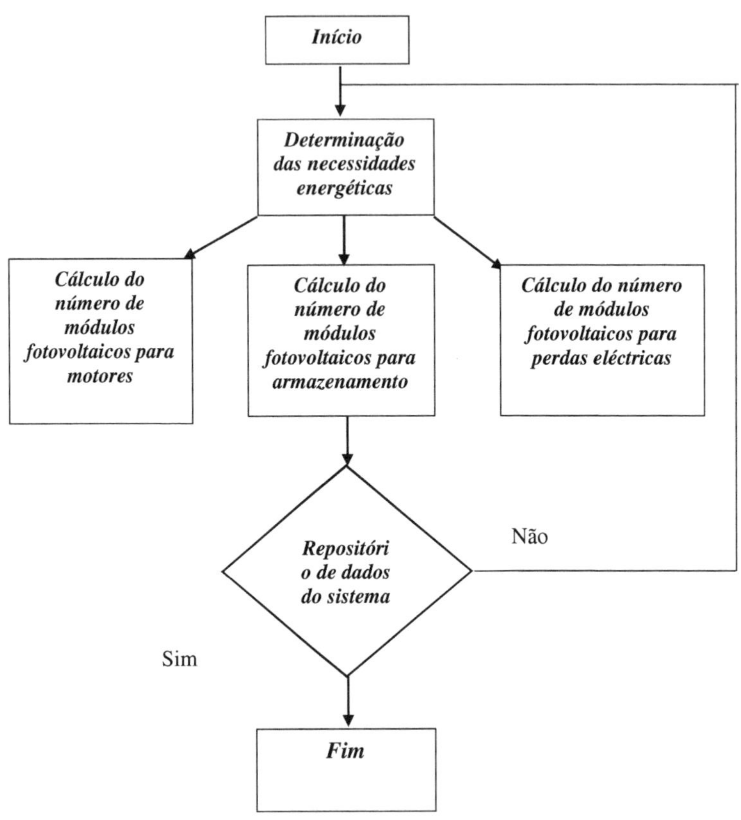
Início
Determinação das necessidades energéticas
Cálculo do número de módulos fotovoltaicos para motores
Cálculo do número de módulos fotovoltaicos para armazenamento
Cálculo do número de módulos fotovoltaicos para perdas eléctricas
Repositóri o de dados do sistema
Não
Sim
Fim

Capítulo IV:

Dimensionamento do sistema

sistema fotovoltaico.

Capítulo IV: Dimensionamento de sistemas fotovoltaicos.

IV .1. Estimativa de consumo

A estimativa do consumo de eletricidade baseia-se no balanço energético e no conhecimento da frequência das suas necessidades.

A periodicidade é, de facto, o ritmo do consumo de eletricidade, que pode ser contínuo (todos os dias do ano) ou periódico (fins-de-semana, feriados, intervalos de tempo durante o dia, etc.).

É necessário saber qual a quantidade de eletricidade que cada aparelho consome. Deve escolher os aparelhos com o menor consumo de energia possível para reduzir a sua fatura de eletricidade e manter um bom nível de conforto.

O objetivo do dimensionamento é, portanto, estimar as dimensões dos vários componentes do sistema gerador fotovoltaico, de modo a satisfazer as necessidades do cliente.

No nosso caso, estamos a falar de uma carga de 2 cavalos (necessária para rodar simultaneamente uma baía de um pivot central de irrigação).

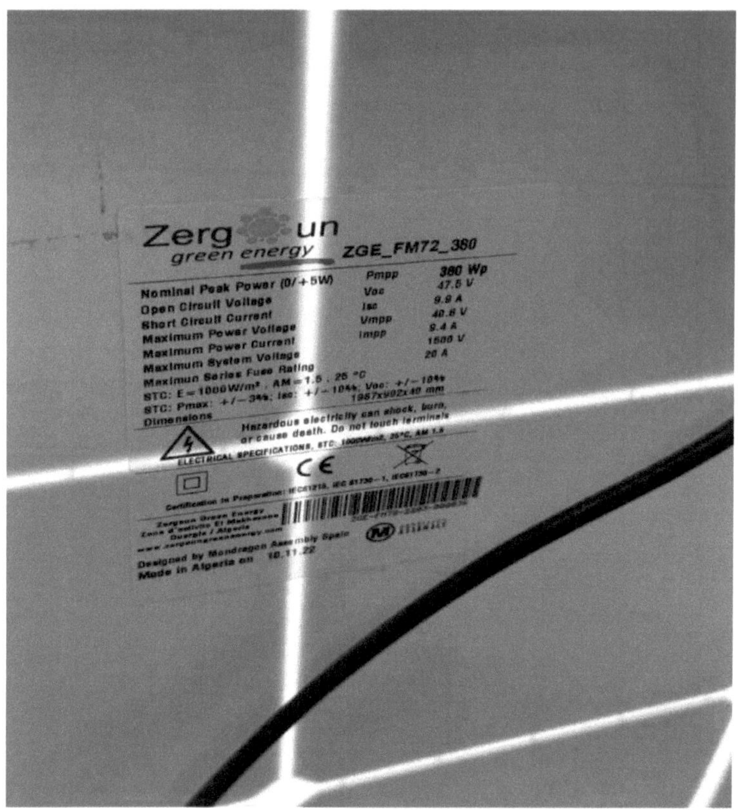

Figura IV.1: Caraterísticas do módulo fotovoltaico disponível

Para dimensionar um sistema fotovoltaico capaz de alimentar um sistema de rega por pivô central, precisamos de calcular o consumo total de energia dos motores e estimar o número de painéis e baterias necessários para satisfazer esta procura de energia. Aqui estão os passos de dimensionamento com base nos dados fornecidos.

IV.2 Cálculo do número de módulos necessários para o sistema

Dados do sistema

- Motor: 2 cavalos = 746 Wx2=1472 W , são 5 (mas como não funcionam em simultâneo), contamos apenas um motor.

- Tempo de rega: 10 horas^ Pilhas: 2000 Wh de capacidade, potência nominal 250 W

- Limiar de descarga da bateria: 50% da potência nominal, ou seja, mínimo 125 W - Módulos fotovoltaicos: 380 W

- Perda do sistema: 10

IV.2.1 Cálculo da potência total do motor

Potência total do motor= 2 cliev; uix746 W=1500 W (arredondado)

Isto significa que a potência total necessária para alimentar os motores é de 1500 W.

Temos de calcular quanto tempo os motores estarão a funcionar por dia.

- Vamos supor que os motores funcionam das 20:00 às 05:00, ou seja, 8 horas por dia (à noite).

Energia diária=1500 W8 horas= 12000 Wh

IV.2.2 Cálculo da potência total do motor com perdas

A percentagem de perdas técnicas numa instalação fotovoltaica depende de uma série de factores, incluindo a qualidade do equipamento, as condições climáticas, as caraterísticas específicas do local e a configuração do sistema. Normalmente, estas perdas técnicas situam-se entre 8% e 10% da capacidade total da instalação fotovoltaica.

Para cobrir estas perdas, considerámos um nível de perdas admissível de 10%.

A potência dos dois motores é de 1500 W, pelo que a potência necessária é:

Energia ajustada (com compensação) =12000 Whx(1+0,10)= 13200 Wh

IV.2.3 Cálculo do número de módulos necessários para os motores

Para alimentar os motores, temos de calcular o número de painéis solares necessários para produzir esta energia ao longo de um dia.

Dados de painel

- Potência de pico de cada painel: 380 W
- Vamos assumir uma produção solar diária média de 10 horas (dependendo da insolação local).

IV .2.3.1 Cálculo da energia produzida por um módulo

Energia por painel por dia=380 W* 10 horas=3800 Wh

IV.2.3.2 Número de módulos necessários

Número de painéis= 13200 Wh/ 3800Wh~4 painéis;

IV.4. Cálculo do número de módulos necessários para as baterias:

Cada bateria tem uma capacidade de 2000 Wh, com uma potência nominal de 250 W. Devido ao limiar de descarga de 50%, cada bateria pode fornecer uma potência mínima de 125 W (ou seja, 50% de 250 W).

Para fornecer os 1500 W exigidos pelo motor, respeitando este limite, o número mínimo de baterias necessárias é:

Nbaterias=1472 W/125 W~11,78N

Vamos arredondar para o número inteiro mais próximo, o que dá 12 pilhas.

Em suma, precisamos de

- **Número de pilhas necessárias:** 12
- **Número de módulos fotovoltaicos necessários:** 4

Capítulo V:
Resultados e discussão

Capítulo V: Resultados e discussão

Em geral, a diferença no número de módulos fotovoltaicos num sistema fotovoltaico que alimenta um mecanismo de irrigação de pivô central pode ser atribuída a vários factores. Seguem-se algumas explicações técnicas e económicas:

1/ Necessidades energéticas: A dimensão do sistema fotovoltaico depende das necessidades energéticas do mecanismo de irrigação por pivô central. As necessidades energéticas podem variar consoante o tamanho do pivot central, o comprimento do pivot, o caudal de água necessário, a pressão necessária, etc. Se o mecanismo de irrigação necessitar de uma maior quantidade de energia, será necessário um maior número de módulos fotovoltaicos para satisfazer essa necessidade.

2/ Disponibilidade solar: A quantidade de energia solar disponível na região onde o sistema fotovoltaico é instalado pode influenciar o número de módulos necessários. As regiões com menos luz solar podem necessitar de mais módulos para compensar a redução da produção de energia. Por outro lado, em regiões com mais luz solar, podem ser necessários menos módulos para satisfazer as necessidades energéticas.

3/ Eficiência do módulo fotovoltaico: A eficiência dos módulos fotovoltaicos utilizados no sistema também pode influenciar o número necessário. Módulos fotovoltaicos mais eficientes podem gerar mais energia a partir da mesma área de superfície, o que pode reduzir o número de módulos necessários para atingir a potência requerida.

4/ Restrições orçamentais: As restrições orçamentais também podem ter um papel importante na determinação do número de módulos fotovoltaicos. Se o orçamento atribuído ao sistema fotovoltaico for limitado, isso pode restringir o número de módulos que podem ser instalados, o que pode resultar numa potência inferior.

No nosso caso, efectuámos uma análise detalhada das necessidades energéticas específicas do mecanismo de irrigação por pivô central, bem como das condições solares, para determinar com precisão o número de módulos fotovoltaicos necessários.

Assim, o número de módulos necessários para os motores é de 4 módulos para 1 motor de 2 cavalos de potência equivalente a 1500 W.

No que diz respeito ao armazenamento, após cálculos, encontrámos 8 módulos para o carregamento ideal das baterias de armazenamento para a rega nocturna.

Para cobrir o impacto das perdas técnicas devidas ao efeito Joule, estimadas em 10%, são necessários 4 módulos, ou seja, um total de 16 módulos.

No entanto, durante as nossas várias visitas à exploração de El Meniaa, verificámos que o número de módulos em 18

Conseguimos detetar este sobredimensionamento do sistema fotovoltaico com dois módulos suplementares, o que é importante se o número de pontos de irrigação for multiplicado. Nesta atividade, os cálculos e a conceção do sistema fotovoltaico devem ser tão optimizados quanto possível, para responder às necessidades específicas da irrigação por pivô central, porque o custo do produto final (batata-cenoura, etc.) depende do custo da eletricidade, particularmente nos primeiros anos de funcionamento após a entrada em funcionamento do sistema fotovoltaico (antes da amortização).

Conclusão

Perspectivas

Conclusão e perspectivas:

No âmbito deste trabalho, realizámos um estudo sobre o dimensionamento de um sistema fotovoltaico autónomo para alimentar um sistema de irrigação por pivô central instalado num local no sul do país. Com base nas informações obtidas durante as visitas de campo após a nossa visita técnica à exploração situada em El Menia (wilaya de Ghardaïa), e uma estimativa do consumo de energia eléctrica e um dimensionamento para cada elemento do sistema fotovoltaico (bateria, módulos), tendo em conta as perdas de energia existentes.

O dimensionamento do sistema fotovoltaico e os resultados obtidos, e uma comparação com o que foi encontrado no local durante a visita a El Menia, mostraram que houve um sobredimensionamento do número de módulos fotovoltaicos, um excedente que não era necessário para satisfazer as necessidades energéticas. Eis algumas conclusões que podemos tirar:

Utilização ineficiente dos recursos: O sobredimensionamento dos módulos fotovoltaicos indica uma utilização ineficiente dos recursos, uma vez que existe um excesso de capacidade de produção de energia que não é necessário para satisfazer as necessidades energéticas da irrigação. Isto pode levar ao desperdício de energia e a custos desnecessários. Além disso, uma má estimativa das necessidades energéticas com a presença de sobredimensionamento sugere uma estimativa incorrecta ou uma sobrestimação das necessidades energéticas de rega. É essencial realizar uma avaliação precisa das necessidades energéticas para dimensionar corretamente o sistema fotovoltaico. Além disso. O sobredimensionamento tem um impacto financeiro, com custos adicionais associados à instalação e manutenção de módulos fotovoltaicos desnecessários. Isto pode afetar o retorno do investimento do sistema e prolongar o período de recuperação dos custos iniciais.

A possibilidade de reajustamento: A deteção de sobredimensionamento oferece a oportunidade de reajustar o sistema, reduzindo o número de módulos ou optimizando a sua configuração. Isto permite alinhar melhor a capacidade de produção de energia com as necessidades reais, o que pode reduzir os custos e melhorar a eficiência do sistema. A importância da análise do desempenho e a deteção do sobredimensionamento realçam a importância da análise contínua do desempenho do sistema fotovoltaico. É essencial monitorizar e avaliar regularmente o desempenho do sistema, a fim de detetar potenciais problemas e fazer os ajustes necessários para otimizar o seu funcionamento.

Finalmente, a descoberta de um sobredimensionamento no número de módulos fotovoltaicos para o sistema que abastece o pivô central para irrigação realça a necessidade de uma avaliação precisa das necessidades energéticas, da otimização da conceção do sistema e da monitorização regular do desempenho para garantir uma utilização eficiente dos recursos e maximizar os benefícios económicos.

Um olhar para o futuro:

A utilização de sistemas fotovoltaicos para a irrigação por pivô central rotativo oferece uma série de perspectivas promissoras. Apresentamos de seguida algumas das principais perspectivas para esta aplicação:

1/ Sustentabilidade e autonomia energética: O sistema fotovoltaico utiliza uma fonte de energia renovável, o sol, para alimentar a rega por pivô central. Isto reduz a dependência dos combustíveis fósseis e contribui para a sustentabilidade ambiental. Além disso, o sistema pode ser concebido para funcionar de forma autónoma, sem necessidade de ligação à rede eléctrica, proporcionando independência energética.

2/ Redução dos custos de energia: A utilização de energia solar para alimentar a rega por pivô central pode levar a poupanças significativas nos custos de energia a longo prazo. Os custos de funcionamento e manutenção dos sistemas fotovoltaicos são geralmente mais baixos do que os dos sistemas convencionais alimentados por combustíveis fósseis.

3/ Adaptabilidade a zonas remotas: As zonas agrícolas remotas ou distantes da rede eléctrica podem beneficiar da utilização de sistemas fotovoltaicos para irrigação por pivô central. Estes sistemas podem ser instalados em locais remotos sem a necessidade de infra-estruturas eléctricas dispendiosas.

4/ Utilização eficiente dos terrenos agrícolas: Os painéis solares podem ser instalados em terrenos agrícolas sem afetar a produção alimentar. Ao utilizar o espaço disponível nos campos agrícolas para instalar painéis fotovoltaicos, os agricultores podem maximizar a utilização das suas terras, produzindo simultaneamente energia limpa para irrigação.

5/ Reduzir a pegada de carbono: A utilização do sistema fotovoltaico para a rega por pivô central ajuda a reduzir as emissões de gases com efeito de estufa. Ao evitar a utilização de combustíveis fósseis, o impacto ambiental e a pegada de carbono associados à irrigação agrícola são reduzidos.

Referências bibliografia

Referências

- Angel Cid Pastor "design and production of photovoltaic modules", tese de doutoramento, Institut National des Sciences Appliquées de Toulouse, França, 29 de setembro de 2006.

- C. Brouwer "Irrigation methods, water management in irrigation" Manual de formação n.º 5 1990.

- Evan Derdall "Best Management Practices of a Solar Powered Mini-Pivot for Irrigation of High Value Crops" Mestrado em Ciências Universidade de Saskatchewan Saskatoon, Saskatchewan 2008.

- Jean Dunglas "Técnicas de irrigação, Membro da Academia da Agricultura" de França Manuscrito publicado em fevereiro de 2014.

- Jean-François Reynaud "Recherches d'optimums d'énergies pour charge/décharge d'une batterie à technologie avancée dédiée à des applications photovoltaïques", tese de doutoramento da Universidade de Toulouse, 4 de janeiro de 2011.

- KY Thierry S. Maurice "Système Photovoltaïque Dimensionnement pour pompage d'eau pour une irrigation goutte-à-goutte", DEA en Physique Appliquée Option: Semi-conducteurs ANNEE UNIVERSITAIRE 2005-2006.

- léopold rielle e brunon molle ".le pivot", Éditions Cemagref, 1995.

- M. Djarallah "Contribution à l'étude des systèmes photovoltaïques résidentiels couplés au réseau électrique" Tese de doutoramento, Universidade de Batna, Argélia, 2008.

- Petibon, Stéphane. Novas arquitecturas de gestão e conversão de energia distribuída para aplicações fotovoltaicas. Diss. Université Paul Sabatier- Toulouse III, 2009.

- Peyvieux, Eric. Análise do comportamento mecânico e otimização da forma de um vão de pivô de irrigação. Diss. Bordeaux 1, 1997.

- R. Chenni, "Etude technico-économique d'un système de pompage photovoltaïque dans un village solaire," Universite Mentouri De Constantine 2007.

- Salma Fateh "Modelação de um sistema fotovoltaico multigerador interligado à rede eléctrica" Tese de mestrado, universidade ferhat abbas - setif 2011.

Printed by Books on Demand GmbH, Norderstedt / Germany